AF591580

LETTRE

À

MONSIEUR LE CONSEILLER ET PROFESSEUR

DE CRELL

OU

OBSERVATIONS

SUR LE

CATALOGUE METHODIQUE

ET RAISONNÉ

DE LA COLLECTION DE FOSSILES

DE Mlle. E. DE RAAB, PAR M[r]. DE BORN.

PAR

LE PRINCE DIMITRI DE GALLITZIN.

MEMBRE HONORAIRE DES ACADEMIES IMPERIALES DES SCIENCES ET DES ARTS DE PETERSBOURG, DE L'ACADÉMIE DES SCIENCES ET BELLES-LETTRES DE BRUXELLES, DE CELLES DE BERLIN, DE STOKHOLM, DES CURIEUX DE LA NATURE, etc. etc.

„ *Rien ne recule plus les progrés des Connoissances que* „*les erreurs d'un Auteur célébre; parce qu'avant d'instruire,* „*il faut commencer par détromper.*„

MONTESQUIEU. ESPRIT DES LOIS. L. XXX. C. 15.

À BRUNSWIC 179

LETTRE

A MONSIEUR

DE CRELL.

LETTRE
A MONSIEUR
DE CRELL

Brunswick, ce 1. Septembre 1796.

Vous désirez connoître mon opinion sur le *Catalogue méthodique et raisonné de la Collection des Fossiles* de Mlle E. de Raab, par Mr. de Born. Je me fais un vrai plaisir de vous la communiquer. Que pouvoit-il m'arriver en effet de plus agréable, que de soumettre mes idées et mon jugement sur cet objet au juge compétant même de la chose? Vous les rectifirez, j'en suis persuadé, si elles sont erronées; et vous m'y confirmerez, si vous leur trouvez de la justesse. Je vais donc vous satisfaire sans balancer, et vous exposer naïvement ici tout ce qui m'a plu, ou choqué, dans un ouvrage qui peut vraiment aſpirer au rang d'un *Traité de Minéralogie,* par la manière ſavante dont l'Auteur a manié un ſujet par lui-même ingrat. A cet égard il mérite les plus grands éloges; car il a montré des connoiſſances peu communes dans *l'Hiſtoire naturelle du Regne minéral.* Mais comme dans un ouvrage de cette nature, il étoit encore impoſſible d'éviter des erreurs, et que les erreurs des grands Maîtres tirent toujours à des conſéquences ſérieuſes, font reculer les progrés d'une *Science,* il eſt très-important de les relever impartialement, en faiſant remarquer en même temps les lumières qu'ils y ont répandues. On ne doit jamais oublier que ces erreurs, en fait de *Minéralogie* ſur-tout, ſont d'autant plus excuſables, que très-ſouvent elles ſont involontaires; on ne les commet pas toujours par ignorance des faits: on y eſt quelquefois induit par des avis donnés même de bonne foi. Et Mr. de BORN, s'eſt vu expoſé à cet inconvénient par des gens de mérite et de réputation. Vous vous convaincrez, je me flatte, de la juſteſſe de ma réfléxion dans le cours de cet examen, que j'entreprends, non par esprit de critique, mais par pur amour pour la vérité dans les *Sciences*.

La méthode ſuivie par l'Auteur pour la distribution des *Minéraux* eſt fondée ſur les *Analyſes chimiques*, ſans négliger cependant les *caractères extérieurs*. En conſéquence, il a partagé les *Minéraux* en quatre *Claſſes* et ſubdiviſé celles-ci en *Ordres*, en *Familles*, *Genres*, *Espèces* et *Variétés*.

Les *Claſſes* ſont formées de *Terres et Pierres*, de *Sels*, de *Bitumes Foſſiles*, et de *Métaux*.

Les Ordres ſe ſuccèdent de la manière ſuivante.

I°. Les *Terres* et *Pierres* diſtinguées en *Simples*, en *Mêlangées*, en *Volcaniques* et en *Organiques*.

II°. Les *Sels*, diſtingués en *Purs* et en *Combinés*.

III°. Les *Bitumes*, en *Simples* et en *Composés*.

IV°. Les *Métaux*, en *Régules caſſans* et en *Régules ductiles*.

Voilà le Tableau de la diſtribution des Foſsiles, formant ſix Colonnes.

Voici l'arrangement des *Genres* de la Iere CLASSE.

I°. TERRES ET PIERRES SIMPLES.

1. Quartz. 2. Gemmes. 3. Agates. 4. Jaspes.	Familles ſiliceuſes.
5. Silex. 6. Jade.	Familles ſiliceuſes réfractaires.
7. Feld-Spath. 8. Grenats. 9. Schorls. 10. Baſalte. 11. Zéolite. 12. Pierres de poix.	Familles ſiliceuſes fuſibles.
1. Argile. 2. Schiſte micacé. 3. Mica.	Familles argileuſes.
1. Talc. 2. Stéatile. 3. Serpentine. 4. Asbeſte.	Familles magnéſiennes.
1. Baryte aérée. 2. — vitriolée.	Familles barytiques.
1. Chaux aérée. 2. — magnéſiée. 3. — bitumineuſe. 4. — argileuſe.	Familles calcaires effervescentes.

5. Chaux vitriolée. 6. — fluorée. 7. — phosphorée. 8. — magnéſiée. 9. — boracique.	Familles calcaires fixes.

II. TERRES ET PIERRES MELANGEES FORMANT LES ROCHES.

1. Granit. 2. Granitin. 3. Granitelle. 4. Porphire. 5. Baſaltine. 6. Roche Cornée. 7. Breches ſiliceuſes. 8. Grés.	Familles ſiliceuſes en Roches.
9. Argile micacée. 10. — porphitique. 11. Roche métallifère. 12. Amygdaloïdes. 13. Breches argileuſes.	Familles argileuſes en Roches.
14. Ophite ſtéatitique. 15. — ſerpentine.	Familles magnéſiènnes en Roches.
16. Baryte quartzeuſe. 17. — argileuſe.	Familles barytiques en Roches.
18. Calcaires. 19. Breches calcaires.	Familles calcaires en Roches.

IIIº. TERRES ET PIERRES VOLCANIQUES.

1. Cendres volcaniques. 2. Grenats et Schorls.	Familles altérées par les feux souterrains.
3. Laves. 4. Verres volcaniques.	Familles fondues par les feux souterrains.
5. Verres décomposés. 6. Laves décomposés.	Familles décomposées par les Acides et les Météores.

IVº. TERRES ET PIERRES ORGANIQUES.

1. Les Zoolites. 2. Entomolites. 3. Ichtyolites. 4. Crustacées. 5. Testacées. 6. Zoophytes. 7. Pierres ou Concrétions pierreuses trouvées dans le corps des Animaux.	Familles animales pétrifiées.
1. Les Plantes. 2. Bois. 3. Fruits.	Familles végétales pétrifiées.

IIº. CLASSE, OU CELLE DES SELS.

1. Acide sulfurique. 2. — muriatique. 3. — nitrique. 4. — fluorique. 5. — boracique.	Familles des Acides purs.

1. Fixe végétal cauftique. }
2. — minéral cauftique. } Familles des Alcalis purs.
3. Volatil. }

1. Sulfurique. }
2. Muriatique. }
3. Nitrique. } Familles des Alcalis neutres combinés.
4. Boratique. }
5. Carbonique. }

IIIe. CLASSE, OU CELLE DES BITUMES.

N. B. Privée de Familles.

1. Le Pétrole. }
2. Charbon de terre. } Ordres compofés.
3. Succin. }

4. Soufre. } Ordres fimples.

IVe. CLASSE, OU CELLE DES METAUX.

1. La Molybdène. }
2. Antimoine. }
3. Manganèfe. }
4. Zinc. }
5. Cobalt. } Ordres à Régules caffans.
6. Arsénic. }
7. Nikel. }
8. Bismuth. }
9. Tungstène. }

10.	Etain.	Ordres à Régules ductiles.
11.	Fer.	
12.	Cuivre.	
13.	Plomb.	
14.	Mercure.	
15.	Argent.	
16.	Or.	
17.	Platine.	

Tel eſt le plan général de l'Ouvrage: je vais vous en faire connoître les détails et expoſer naïvement ma façon de penſer ſur lui.

Généralement parlant; il me ſemble que cette diviſion en ſix *colonnes*, ou plutôt ce trop de diviſions et de ſubdiviſions, embrouillent plus un ouvrage qu'elles ne l'éclairciſſent, et que le partage ſimple en *Claſſes* ou en *Ordres* et *Variétés*, ou en *Claſſes*, *Genres* et *Variétés*, leur eſt préférable; car à tout prendre, qu'elle différence bien ſenſible, en fait de *Minéralogie*, peut-on faire entre *Claſſe* et *Famille*, *Genre* et *Eſpèce*? Auſſi Mr. de Born ſe paſſe bien aiſément lui même de ce ſuperflu de diviſion, quand il le juge à propos, ſans en donner de raiſon; car ſi les deux premières *Claſſes* ſont partagées en *Familles*, les dernières en ſont privées. D'ailleurs les

Espèces et les *Variétés* ne servant ici qu'au même usage, à désigner les *caractères extérieurs* des *Fossiles*, une d'elles du moins est inutile. Et comme dans un *Catalogue* il s'agit de placer tout ce qu'une *Collection* contient, il a fallu y faire entrer les Pierres *taillées* même; et elles sont dans la *Colonne* des *Variétés* parmi les *Pierres cristallisées* et les *Amorphes*; ce qui est contraire à l'idée qu'on a des *Variétés* en *Minéralogie*.

La description commence par les *Terres et Pierres simples de la Famille siliceuse*; et parmi les quatre Espèces (ou *Genres*, comme les nomme Mr. de BORN) qui remplissent cette *Colonne*, on est étonné de voir les *Gemmes*: elles y sont d'autant plus avanturées, que Mr. de BORN ne donne même aucune analyse des principalles d'elles, (celles sont au nombre de dix (a) chez lui) ni d'idée sur leur nature. Il se contente de les généraliser en les définissant toutes: *Terre siliceuse unie à une portion plus considérable* d'Alumine, et

---

(a) Savoir le *Diamant*, le *jargon de Ceylan*, le *Spath adamantin*, le *Rubis*, le *Saphir*, *l'Emeraude*, la *Chrysolite*, *l'Aigue marine*, la *Topaze* et *l'Hyacinthe*.

à *un peu de Chaux aërée.* Mais cette définition eſt arbitraire, hazardée même; car perſonne n'ignore, I°. que le *Diamant* n'a jamais été, ni pu être analyſé. Le *Rubis d'Orient* ne l'a pas encore été non plus. Pourquoi donc introduire des individus qu'on ne connoit point encore, dans une *Famille* avec laquelle ils n'ont peut-être ni connection ni rapport?

2°. Que les analyſes des *Rubis* par Mrs BERGMANN et ACHARD ſont décidément inſignifiantes, puis qu'on ne ſait même pas quelles ſortes de *Rubis* (1) ils avoient analyſés.

---

(1) Voyez mon *Traité de Minéralogie*, page 200 de l'édition de 1796 à Helmſtedt.

Au reſte, il eſt aiſé de prouver par le Catalogue même de Mr. de BORN, qu'il avoit ſi peu aprofondi la nature du *Rubis*, qu'il ſemble qu'il ne s'étoit ſeulement pas douté qu'il en exiſtoit trois ſortes: nommément le *Rubis d'Orient* (qu'on feroit mieux d'appeller *Pierre rouge d'Orient*) le *Rubis Spinel* et *Balai* (qui ne different l'un de l'autre que par l'intenſité de la couleur) et le *Rubis de Brésil* (qui n'eſt que la *Topaze de Brésil* chauffée).

Voici mes preuves.

A la *page* 61 Tôme Ier, il dit que la *gravité ſpécifique* du *Rubis* varie de 3531 à 4283. — ignorant qu'il exiſtoit trois ſortes de *Rubis* qui n'ont de commun entre eux que

3°. Que suivant les exactes et judicieuses analyses de Mr. KLAPROTH, le *Saphir d'Orient* et le *Spath adamantin* doivent indubitablement

---

la couleur, il étoit naturel qu'il prit pour variation, ce qui n'étoit que l'effet de la différence dans la nature de ces substances. Les 3531 sont la *grav. spéc.* du *Rubis Spinel*, et les 4283 celle du *Rubis d'Orient.*

A la *page* 63, il prétend que le *Rubis Balai* est à prisme *hexaèdre* alongé, et à deux *Pyramides* tronquées. Jamais le *R. Balai* n'a pris cette *forme de cristallisation*; mais c'est toujours celle du *R. d'Orient.* La sienne est, comme celle du *Diamant Oriental*, en *Octaèdre* régulier, composé de deux *Pyramides* à quatre *faces* triangulaires, équilatérales, opposées l'une à l'autre par leur base.

La même faute se répéte à la *page* 64, où l'on attribue au *R. Spinel* une forme de cristallisation qui n'est également propre qu'au *R. d'Orient.*

Mais la preuve la plus complette de la méprise de M. de B. est ce qu'il dit à la fin de cette même *page*. „ Parmi ces *R. balais*, taillés et polis, il s'en trouve un, „ dit-il, qui aux deux bouts est d'un *rouge pâle*, et au „ milieu *jaune* comme la Topaze de Saxe. „ Ces sortes de phénomènes ne se manifestent jamais parmi les *R. Spinels* ou *Balais*, mais sont très-communs parmi ceux que j'appelle *R. d'Orient*, ou plutôt *Pierres d'Orient.* On en a même vu qui, dans le même morceau, présentoit le *bleu* du Saphir, le *jaune* de la Topaze et le *rouge* ordinaire au *Rubis.* On en trouve aussi de parfaitement *blancs.*

être exclus de la *Famille des Pierres silicеuses*, puisque le premier ne contient pas un atôme de *Silice*, et le second que très-peu: par conséquent leur véritable place, conformément au *système* de Mr. de BORN, est parmi les *Familles des Pierres argileuses.*

Le *Saphir d'eau* et le *Saphir du Brésil*, sont également confondus avec le *Saphir d'Orient* (qu'on feroit bien de nommer tout bonnement *Pierre bleu d'Orient.*) Il assure, (p. 65), que la *grav. spéc.* du Saphir est 3130 à 3994. La première appartient au *S. du Brésil*, la seconde au *S. d'Orient.* — Le *S. du Brésil*, dit-il à la même page, est cristallisé en *Prisme héxaèdre.* Cela ne s'est jamais vu; c'est la *cristallisation* ordinaire du *S. d'Orient.* Celle du premier dérive constamment d'un *Octaèdre rhomboïdal*, à plans triangulaires scalènes, et dont les *Pyramides* sont séparées par un *Prisme* tétraèdre rhomboïdal lisse à angles *obtus* de 120ᵈ, et *aigus* de 60ᵈ . . . . Mr. ROMÉ DE LISLE lui en donne, à la vérité, cinq *Variétés*; mais aucune ne penche à *l'héxaèdre.*

La *Topaze d'Orient* (qu'on auroit du nommer *Pierre jaune d'Orient*) n'est pas non plus distinguée des Topazes de *Saxe* et de *Brésil.* Il leur attribue indifféremment à toutes, une *grav. spécif.* variant de 3553 à 4010: tandis que celle-ci appartient à la *T. d'Orient*, et l'autre aux deux autres.

Et 4°. que le *jargon de Ceylan* doit former un genre tout particulier, puisque c'eſt un composé de 70 parties de *terre*, jusqu'ici inconnue, et que Mr. Klaproth a nommée *Zirkonienne*; de 25 p. de *Silice*, et de $2\frac{1}{2}$ *d'Ocre de fer*. Mais Mr. de Born a été induit ici en erreur par l'analyſe de Mr. Wiegleb, ſuivant laquelle ce *jargon* contient une grande portion de *Terre ſiliceuſe* mêlée de *Terres magnéſienne* et *calcaire*, et de *Chaux de fer*.

Il ſuit de tout ceci que le nom de *Gemme* ne ſauroit également convenir à ces dix *Subſtances* en queſtion: elles diffèrent trop eſſentiellement l'une de l'autre par les propriétés que je viens d'indiquer, ſans compter celles dont Mr. de Born n'a ſeulement pas fait mention; comme, par exemple, celle de la *ſimple réfraction*, accordée par la nature au *Diamant*, à la *Pierre d'Orient* (y compris le *Gyraſol*) et aux Rubis *Spinel* et *Balai* ſeuls. Très-décidément ces trois-ci du moins, ne peuvent être en aucune façon compris dans le *Décemvirat*.

Au ſurplus, je ferai remarquer ici en paſſant: Io. que la *gravité ſpécifique* de 3687 à 4229, assignée, (p. 77) à l'*Hyacinthe*, est encore une confusion de l'*Hyacinthe* avec le *jargon de Ceylan*. 2°. Qu'il n'existe point d'*Hyacinthes blanches*. Et 3°. que celle qu'on appelle *Cruciforme du Hartz*, vient d'être reconnue pour une *Zéolite Schorlique*: c'est le *Staurobaryte* de Mr. de Saussure: Mais cette découverte n'avoit pas été faite du vivant de Mr. de Born.

Mais le genre des *Quartz* même n'est pas scrupuleusement trié: on voit à la page 48, un *Quartz figuré* etc., qui se dissout dans *l'Acide nitrique* . . . . et un autre (p. 49) figuré en *Crêtes de Coq*. Le premier doit être rejeté des *Matières siliceuses* d'après l'aveu même de l'Auteur; et le second à cause des analyses réitérées qu'en a faites le Cte. de Bournon, (voy. *le journal de Rozier*, Mai 1787. p. 385.) qui prouvent toutes que ce n'est qu'une *Concrétion quartzeuse* et *calcaire*. Il en est de même de tous les *Quartz* qu'il a plu aux *Minéralogues* François d'appeler *figurés*.

Quant au *jade*, son association au *Quartz* est incohérente suivant l'idée même qu'en donne Mr. de Born. „Le *Quartz*, dit-il, est une

„ *Terre siliceuse* souillée d'une petite portion *d'Alu-* „ *mine* et de *Chaux aërée.* Et le *jade Silice*, unie „ à une portion presqu'égale de *Magnésie* et à „ très-peu de *Chaux de fer.*" De plus, il convient dans le *Discours* (T. I. p. 133) que le *jade* diffère essentiellement du *Quartz* par son extrême dureté et par sa *gravité spécifique.* Comment ces deux Substances peuvent-elles donc être de la même *Famille*? Il semble que le *jade* doit être renvoyé dans celle des *Mélangées*.

§ 93. Les mêmes inconvéniens se retrouvent dans la *Famille* des *Pierres siliceuses fusibles.* Comment accorder, p. e., le *Feld-Spath* et le *Grenat* (qui s'accordent déjà assez peu entre-eux mêmes) avec la *Zéolite* et les *Pierres de poix*? Celles-ci sont du genre des *mixtes*, si la dernière ne tient même pas par quelque coin aux *produits volcaniques.* D'ailleurs, pourquoi confond-t-on ici les *Feld-Spath* avec le *Gyrasols*? (p. 142. A. b. 11.) ils n'y ont aucun rapport, et le *Gyrasol* est décidément du genre des *réfractaires*, et appartient aux *Gemmes*: nommément à la *Pierre d'Orient.* Au surplus, il n'est jamais *blanc*, mais toujours *bleu*, et plus ſouvent encore *bleuâtre*.

Les *Oeils de chat* et *l'Avanturine*, dérivent vraiſemblablement du *Feld-Spath*; mais pas *l'Oeil de chat noir*. Celui-ci diffère eſſentiellement des autres *Oeils*, a infiniment de rapport avec les *Schorls*, particulièrement avec le *Violet du Dauphiné*, et je ne vois pas de raiſon de priver ces *Oeils* de leurs noms particuliers pour les déſigner enſuite par des périphraſes toujours trop longues; p. c. incommodes et à charge à la mémoire.

Je ne dirai rien du *Baſalte* aſſimilé ici à toutes ces Subſtances: je ferai ſeulement remarquer que Mr. de Born les excluant de la *Claſſe* des produits volcaniques, paroît prouver par là qu'il ne leur reconnoiſſoit pas une origine volcanique; ſur quoi il ne décide pourtant rien, et ſe contente ſeulement de dire, que les avis là deſſus étant partagés, on pourroit peut-être les concilier en accordant à la *nature* le pouvoir de former des *Baſaltes* comme tant d'autres productions du *Règne minéral*, par la *voie ſèche*, de même que par la *voie humide* (p. 194. T. 1.).

Il seroit peut-être plus juste encore, de reconnoître ici l'ouvrage mutuel du *feu* et de *l'Eau*. Je me suis assez expliqué sur cet objet dans mon *Traité de Minéralogie* à l'article *Basalte*. L'Auteur semble au reste vouloir établir comme une régle générale, que le *Basalte* soit un composé de :

50	parties	de *Silice*.
8	—	de *Chaux*.
15	—	d'*Alumine*.
25	—	de *Fer*.

Mais on sait que, relativement aux proportions de ces *parties constituantes*, chaque *Volcan* a produit des *Basaltes* différens de ceux des autres.

Dans la Famille des *Terres et Pierres argileuses*, les *Argiles* sont pêle-mêle : néanmoins *l'Argile pure* ou le *Kaolin*, et la *Terre à pipes*, ne sont pas la même chose que *l'Argile martiale*, les *Glaises*, le *Smectis*, les *Bols*, la *Terre de Veronne*, etc.

Le *Mica* leur est également assimilé, quoiqu'il contienne de la *Magnésie*. Je ne crois pas qu'on doive le séparer des *Matières Talqueuses* dont il paroît être la source et l'origine. Mr.

de BORN convient de ſon raprochement des *Pierres magnéſiennes*; mais „pour rendre, dit-il, le „paſſage à ces *Subſtances magnéſiennes* plus facile, „je l'ai placé en attendant à la fin des *Terres* „*argileuſes.*" (p. 238). J'avoue que je n'entends rien à ce syllogisme; et il ne peut guère ſervir d'excuſe. En *Minéralogie*, toutes ces ſortes de tranſitions d'une *Terre* à l'autre, ne peuvent encore être que tranchantes: comment y paſſer inſenſiblement du *Genre ſiliceux* aux autres *Genres*, ou de ceux-ci au *Siliceux*, au *Calcaire*? etc.

On a beau imaginer, inventer des *ſyſtèmes*, des méthodes, la ligne de démarcation entre ces différentes eſpèces de *Terres*, ſera toujours coupée à pic, s'il eſt permis de s'expliquer ainſi: les chaînons qui devroient ſervir à la continuité de la chaîne, ne ſont point encore découverts. De-là vient proprement l'indiſpenſable néceſſité de claſſifier les Terres en *genres*, en *eſpèces* etc.

Parmi les *Terres et Pierres magnéſiennes*, on trouve à l'article *Talc terreux blanc* etc. (p. 244) une mépriſe au ſujet du *Kil*, improprement nommé ici *Keffekil*. L'analyſe tirée de *Crell Neueſt. Entdek.* (T. V. p. 3) regarde la *Pierre* vulgaire ment nommée *Ecume de mer.* Le véritable *Kil* eſt décidément un *Smectis* ou *Argile à foulon*, qui nous vient de *Beikirwan* en *Crimée*. Il approche beaucoup du *Cimolite* (*Terre de Cimolie*) qui, analyſé tout nouvellement par Mr. KLAPROTH, n'a pas fourni une atôme de Magnéſie. C'eſt un compoſé de:

63 parties de *Silice*.
23 — d'*Alumine*.
$1\frac{1}{2}$ — de *Fer*.
12 — d'*Eau*.

A la page 247, Mr. de BORN, à l'occaſion d'un *Talc Schiſteux* etc. proteſte contre l'idée de quelques *Minéralogues* Allemands qui inventent des noms. Mais s'ils ſont appliqués avec choix, diſcernement et juſteſſe, ils doivent effectivement répandre des lumières, et diſſiper la confuſion qui doit naître dans les idées, quand le même *nom* déſigne pluſieurs objets différens; et p. c. étendre les connoiſſances minéralogiques: du moins ſervent-ils à nous faire voir que les *Minéraux* portant le même *nom*, ne ſont pas toujours ſeule et même choſe. Prenons pour exemple la *Zéolite*: on appeloit de ce nom des

Criſtaux verts du *Cap de bonne Eſpérance*: on la confondoit avec une autre Subſtance couleur de *lilas*, récemment découverte à *Roſenna* par Mr. l'Abbé Poya de Neuhaus, et qu'il avoit nommée *Lilalite*. N'a-t-on pas bien fait de leur donner des noms particuliers, dès que Mr. Klaproth eut conſtaté par des analyſes exactes, comme à ſon ordinaire, qu'elles différoient et des *Zéolites* et entre elles-mêmes? Ce judicieux *chimiſte* a prouvé à cette occaſion l'inconvénient de tirer ces noms de la couleur de la *Pierre*, parce que ſouvent cette couleur n'étoit qu'accidentelle, comme elle l'eſt en effet dans le *Lilalite*, et il l'a changé en celui de *Lépidolite*.

Je ne ſaurois non plus approuver l'idée de Mr. de Born, d'accaparer ſous le même nom pluſieurs eſpèces de Subſtances, et de ſe ſervir enſuite de longues définitions pour en faire ſentir les différences. Par exemple *l'Amiante*, le *Cuir* et le *Liège* de *Montagne* ſont déſignés chez lui ſous le nom *d'Asbeſte*. Ils ont en effet des rapports infinis avec lui, mais n'en ſont pas moins diſtingués chacun par des *caractères extérieurs* très-prononcés. Pourquoi donc ne leur pas conserver leur ancien *nom*, qui contribue si parfaitement à maintenir cette distinction parmi eux? Un objet, désigné par un seul mot, n'est-il pas plus signifiant pour ceux qui y sont déjà accoutumés, et sur-tout plus commode pour tout le monde, qu'une longue phrase qu'il faut retenir et articuler, pour n'exprimer au bout du compte que la même chose? *Amiante* tout court, me paroit préférable à cette Kirielle de mots: *Asbeste fibreuse à filamens fléxibles molles, parallèles* . . . j'aime mieux *Cuir de montagne*, qu'*Asbeste feuilletée en lames minces d'une texture lâche* . . . Ou bien encore, *Liège de montagne*, qu'*Asbeste feuilletée legère dont les feuillets sont entrelacés* etc. Dans les réformes de *Nomenclature*, on doit toujours concilier les convenances avec la commodité: les premières sont pour la *Science*, l'autre est pour la mémoire: et il faut les servir toutes deux. Remarquez au reste, que c'est cette espèce d'accaparement qui a induit en erreur Mr. de Born lui-même au sujet des *Rubis*; comme je l'ai prouvé ci-dessus.

Parmi les *Terres calcaires effervescentes*, on trouve la *Marne*. „Nous la rangeons parmi

„*Pierres calcaires*, dit l'Auteur, puisqu'elle fait „effervescence avec les *Acides*; quoique quel„quefois la *Terre argileuſe* y prédomine ſur la „*Calcaire*.“ Cette raiſon ſeule prouveroit combien la méthode adoptée par Mr. de Born pour l'arrangement des *Minéraux*, eſt inſuffisante, et combien peu elle remplit le but qu'on doit s'y propoſer: celui d'aſſortir ſi bien les *races* ou les *eſpèces*, que chaque *Foſſile* ne paroiſſe être que la ramification de la même ſouche, ou de la tige principale; qu'ils dérivaſſent tous d'un même tronc. Et comme il eſt encore de toute impossibilité d'arranger ainſi tous les *Foſſiles* depuis le premier jusqu'au dernier, depuis ſur-tout qu'on a découvert de nouvelles *Terres élémentaires* ou *primitives*, on a recours au partage en *Claſſes*, *Genres*, *Eſpèces* etc. Mais ce ſecours étant uſité, indispenſable même, le raſſemblement des objets hétérogênes, étrangers les uns aux autres, devient une licence d'autant plus impardonnable, qu'elle eſt inutile; puisque l'inconvénient de la difficulté du paſſage d'une *Terre* à l'autre, comme le prétendoit Mr. de Born, à la page 238, à l'occaſion du *Mica*, n'en eſt pas obvié par là.

Je ne parlerai pas de la nombreuse *Espèce* formée par les *Pierres à Chaux*, et dont les *Marbres* sont partie: j'observerai seulement que le *Marbre figuré*, ou *Pierre de Florence*, y figure sans aucun droit. C'est un vrai *Schiste mixte*, une sorte *d'Ardoise* qui contient beancoup *d'Argile*. Il est vrai que Mr. de Born se rapporte à Mr. Bayer qui a „démontré, dit-il, que les „*Marbres* ont dans leur composition plus *d'Ar*„*gile* et de *Terre martiale*, et sont conséquemment „peu propres à faire de la *Chaux*." Mais cela étant, pourquoi les placer dans la Famille des *Pierres à Chaux*? Seroit-ce à cause de leur effervescence avec les *Acides*? En ce cas le *Quartz en crêtes de coq* de la page 49, devoit également avoir sa place ici.

L'observation de Mr. de Born que *Gypse* et *Pierre à plâtre* soit synonyme, et que lorsque celle-ci est cristallisée, on la nomme *Sélénite*, n'est pas juste. *Gypse* est le synonyme de *Sélénite*; mais en masse informe et opaque, il se nomme Plâtre. Et dans le commerce, ils sont tous compris sous le nom de *Plâtre*, dont le véritable contient, suivant quelques *Chimistes* François.

les Acides *vitriolique nitreux* et *marin*. Le *Gypse* ne contient que de *l'Acide vitriolique*, mais pas, à beaucoup près, dans les proportions que Mr. de BORN lui accorde à la page 343. (T. I.) je ne connois pas au reste de *Gypse* dont la *gravit. spéc.* ne soit que 1870: la moindre, qui est celle de la *Pierre à Plâtre*, monte à 2167.

L'analyse de *l'Apatite*, à la page 365, n'est pas exacte: suivant Mr. KLAPROTH, c'est un composé de

31	parties de *Silice*.	
$15\frac{1}{2}$	—	d'*Alumine*.
21	—	de *Chaux*.
1	—	de *Fer*.
1	—	d'*Eau*.
$28\frac{1}{2}$	—	d'*Acide fluorique*.
1	—	— *marin*.
1	—	— *phosphorique*.

Ainsi Mr. de BORN a eu tort de donner *l'Apatite* pour *une Chaux saturée par l'Acide phosphorique*, et de le nommer *Phosphate de chaux*: elle est saturée *d'Acide fluorique*. Et cette méprise est d'autant plus remarquable, que malgré sa définition, il l'avoit placé parmi les *Spaths fluors* qu'il définit: Chaux ſaturée par *l'Acide fluorique*, et qu'il les nomme *Fluates calcaires*.

Mr. de Born croyoit à la fiſſilité du *Granit*, à ce qu'il paroit par le peu qu'il en dit; mais au lieu de *Couches*, il ſe ſert du nom de *Lits* et de *Bancs*: „plus épais, dit-il, (p. 377.) mais „auſſi conſtans et réguliers que ceux des *Monta-* „*gnes ſecondaires*." Et pour ſoutenir cette aſ-ſertion, il copie mot pour mot l'idée de Mr. de Saussure, „aſſurant que ſi dans les *Blocs roulés* „de Granit, même les plus conſidérables, on „ne voit aucuns veſtiges de *Couches*, c'eſt que „chaque morceau eſt un fragment d'un ſeul „*Lit*." (Voy. le *Voyage dans les Alpes* par Mr. de Saussure §. 662.) Mais l'idée de Mr. de Saussure regarde les grandes *Maſſes de Granit*: elle ne ſauroit en aucune manière être appliquée aux *Granits roulés*, dont les plus conſidérables même ſont toujours des fragmens d'une dimenſion très-chétive, en comparaiſon des *Maſſes*. C'eſt ſi bien vrai, que les *Pierres roulées* des eſpèces le plus décidément *fiſſiles*, ne manifeſtent pas non plus de *Couches*.

La diſtinction des *Porphires* en Porphires *à fond de jaspe*, de *Pétroſilex*, de *Pierre de poix*, ne me paroit pas bien imaginée. Le *Porphire primitif*, le vrai *Porphire*, doit être à *fondr de jaspe* (2): c'eſt ſon indispenſable condition. S'il eſt *à fond de Pétroſilex*, il eſt bien *Porphire* auſſi, mais ce n'eſt plus qu'un *Prophire ſecondaire*, c-à-d, *Stalactite* du primitif. Mais s'il eſt *à fond de Pierre de poix*, il ſera tout ce que l'on voudra, excepté *Porphire*, quelque grande reſſemblance

---

(2) Je ne m'érigerai jamais en Législateur en *Minéralogie*, et je citerai toujours mes autorités quand il s'agira de condamner l'idée d'un *Minéralogue* célébre. Mr de FERBER, que Mr de BORN lui-même reconnoiſſoit pour juge compétant dans cette partie, prononce la ſentence ſuivante à ce ſujet. „Mr MOSIENKOW prétend (p. 74 „et 75, *j'ignore de quel ouvrage)* que les *Filons* ou cou„ches d'Etain à *Zinnwald*, ſont couverts de *Porphire*. Ce „*Porphire* n'eſt pourtant nommé ainſi qu'à cauſe de la „reſſemblance extérieure qu'il montre avec le *vrai Por*„*phire* par ſes *taches* blanches ſur un fond rouge, ſans faire „attention à la qualité des *parties constituantes*. Car le „*vrai Porphire* a du *jaspe* pour base, et ses taches ſont „de *Feld-Spath*; etc." *(Réflex. sur l'ancien. relative des Roches* etc. inſérées dans les *Nova Acta* Acad. Scient. Imp. Petropolitanae. T. II. p. 178. année 1784.)

qu'il ait d'ailleurs avec celui-ci. J'en dirai autant des prétendus *Porphires à fond de Hornblende*. Ce sont ceux-là que quelques *Minéralogues* François avoient nommés, avec raison, *Porphirites*; il falloit les distinguer des vrais *Porphires*. Je ne conçois pas, au reste, la raison qui a porté Mr. de Born à ôter le *jaspe* de la *Famille siliceuse en Roches*, à le séparer du *Porphire*, et à le placer avec les *Gemmes*, en le confondant avec le *Pétrosilex*.

La *Basaltine* n'est autre chose que notre *lave* et notre *Basalte*, dont quelques-uns sont mêlés de *Schorls*, de *Zéolites*, de *Chrysolites* etc., et rarement de *Mica*. Il ne la reconnoît pas pour *produit volcanique*, et s'en tient à ce qu'il en avoit déjà dit à la page 194. Mais ce qu'il rapporte sur les circonstances qui accompagnent constament son local, en est un aveu tacite, ou prouve néanmoins que, selon son propre dire, elles faisoient partie des *Volcans*. „Elles forment, dit-il, (p. 395) des *Montagnes Coniques* „qui communément sont composées de *Colonnes* „*prismatiques*. On n'y a jamais trouvé des *Filons* „*métalliques*.“ . . . Cela étant, à quel genre de *Montagnes* peut-on aſſigner celles qui ſont toujours de *forme conique*; dont la ſtructure eſt en *Colonnes prismatiques*, où l'on ne trouve jamais de *Filons métalliques*; et j'ajoute, qui ne ſe rencontrent jamais dans les grandes *chaînes de Montagnes*? je répons hardiment, au *Volcanique* ſeul. Or, ſi les *Montagnes* ſont *Volcaniques*, (c-à-d, ouvrage des *Feux ſouterrains*) comment, et pourquoi leurs *parties conſtituantes* ne ſeroient-elles pas également ouvrage ou produit des *Feux ſouterrains*? (3).

Je n'ai aucune idée des *Roches cornées* de l'Auteur. D'après ſa définition (*Silex mélangé de differentes Pierres*) et ſa description de pluſieurs d'elles, (*Roche cornée mélangée de Petroſilex brun et de Pierre àchaux griſe,*) on croiroit que c'eſt une *Brèche* ou *Poudingue*. Mais il donne un article ſéparé de ceux-ci, et qui ſuit immédiatement ſes *Roches cornées*, où je trouve un paſſage incompréhenſible pour moi. C'eſt *un*

---

(3) C'eſt ici que Mr de Born prouve particulièrement qu'il a conſidéré les Collections de *Fossiles* en *Minéralogue*, et pas en *Physicien géologue*.

Ciment de Quartz blanc Stalactitique qui conglutine de Prismes triédres de *Schorls.* (p. 400. VII. 3.) Qu'eſt-ce qu'un *Ciment de Quartz Stalactitique?* J'imagine que c'eſt quelque faute typographique qui aura donné un ſens louche à toute cette phraſe. J'en ai obſervé pluſieurs de cette eſpèce-là dans cet excellent ouvrage, auxquelles, je le ſais, Mr. de Born n'a eu aucune part.

Le *Tripoli* peut ne pas être une *ſubſtance volcanique*; mais décidément il ne peut pas non plus paſſer pour un *Grès*, à cauſe de ſon peu de cohérence et de ſa moleſſe, qui eſt telle qu'il ſe laiſſe couper au couteau. Or, les *Grès* ne comportent pas cette propriété. Mais les *caractères chimiques* des Pierres déterminant Mr. de Born dans la diſtribution de leurs poſtes, il a bien fallu en aſſigner un au *Tripoli* parmi les *Grès*.

J'en dirai autant des *Sables* et des *Graviers.* Il ſemble que Mr. de Born imaginoit que tout *Sable* et *Gravier* redevenoit *Grès*; ce qui n'eſt pas juſte. Je crois avoir prouvé dans mon

Traité de Minéralogie (page 32. de l'éd. de Helmſtedt) par l'exemple de *l'Oderteich* et du Rivage de *Rehberg*, que cela dépendoit des *parties conſtituantes* dont ils étoient formés, et qu'on en avoit vu qui s'étoient recompoſés ou régénérés en *Granit*. Ainſi, tant qu'il n'y a point encore d'adhérence entre leurs grains, on ne ſauroit guère prévoir ce qui en ſera, et p. c. ils doivent abſolument conſerver leurs noms de *Sàble* et de *Gravier*: le vrai but de la *Nomenclature* eſt d'empêcher la confuſion et de ſervir à diſtinguer les individus.

Quant au *Grès*, que très-improprement on avoit nommé *Quartz élaſtique*, je puis aſſurer poſitivement qu'il ne contient pas un atôme de *Mica*, quoiqu'il en ait l'apparence à l'extérieur. Les analyſes de Mr. Klaproth confirment en plein mon aſſertion. Ce très-exact *chimiſte* n'en a pas retiré la moindre parcelle de *Magnéſie*; et Mr. de Born en convient (pag. 403. VIII. A. 7.) C'eſt du *Grès pur*, et il auroit dû être placé ici parmi les *Quartz*. (4)

---

(4) On le donne pour une découverte neuve. Cependant nous liſons dans le *Voyage de Levant* de TOURNEFORT

L'*Argile porphirique* (p. 408) paroît être notre *Koalin*. J'ignore les raiſons qui ont déterminé Mr. de BORN à lui ôter ſon nom, et à l'appeler *Porphirique*.

Sa *Roche métallifère* a long-temps excité la curioſité des *Minéralogues*, ſans qu'il ait jamais voulu la ſatisfaire. Enfin Mr. de FERBER nous en a donné l'explication dans le Tome II. des *Nova Acta Academiae Scient. Imp. Petrop.* (année 1784. pag. 176. in 4o. 1788.) „C'eſt une „*Roche argileuſe*, dit-il, de couleur bleuâtre très-„compacte, ou ſans *Feuilles* propres aux *Schiſtes*. „Elle repoſe ſur le *Granit*. . . . En quelques „endroits cette *Roche* eſt très-dure, et contient „des *Taches* ou Criſtaux de *Feld-Spath* et de „*Schorl*. Elle approche alors du *Porphire*, et

---

(Lettre IV. pag. 200. éd. de 1727 in 8. Lyon) qu'il avoit vu dans le Cabinet de Mr. LAUTHIER, Secrétaire du Roi et Avocat au Conſeil, une *Pierre* fort dure, de la qualité du *grés*, carrée, de près de 2 *pouces* d'épaiſſeur, et d'environ 1. *pied* de longeur, qui avoit une certaine *flexibilité* qui la faiſoit plier ſenſiblement quand on la tenoit par le milieu en équilibre ſur la main.

„ pourroit mériter ce nom en de tels endroits, „ s'il n'étoit queſtion que de la claſſification miné- „ ralogique. Mais il s'en faut de beaucoup que „ tout le *Saxum métalliferum* ſoit *porphireux*: il „ ne l'eſt qu'en peu d'endroits, et ces portions „ ſont infiniment petites, en comparaiſon du vo- „ lume prodigieux du reſte vraiment *argileux*." . . . D'après cette description, il me ſemble quil eſt impoſſible d'y méconnoître le *Schiſte Spathique* de Mr. de BUFFON du genre des *Trapps* des Suédois. Mr. HAYDINGER l'a nommé *Grauſtein*; mais il n'eſt pas toujours *Gris* ſuivant Mr. de FERBER : il eſt plus ſouvent *bleuâtre*, et ceci eſt une preuve de plus que l'idée de compoſer le nom d'un *Foſſile* d'après ſa couleur, eſt bien peu lumineuſe.

Celui d'*Ophite* et de *Serpentin* étoit réſervé par le Dr. DEMESTE à un *Porphire ſecondaire à fond de jaspe verd*, tacheté de Criſtaux rhom- boïdaux de *Feld-Spath*: C'eſt le *Verde antico* des Italiens. Mr. de BORN l'a transporté à des *Subſtances talqueuſes* qu'il a diviſées en *Roches à baſe de Stéatite* et en *Roches à baſe de Serpentine*.

Les *Roches barytiques*, ou la *Baryte quartzeuſe*, eſt de la *Baryte* accidentellement infiltrée dans une *Subſtance quartzeuſe*. Auſſi Mr. de Born dit, „qu'*elles ne ſont guère connues jusqu'ici*," aux deux échantillons près de la Collection de Mlle Raab, apparemment. Pourquoi donc en faire un genre particulier? Quand on ſe plaint de la multiplicité des espèces qu'on introduit dans la *Minéralogie*, on ne doit, ce me ſemble, y contribuer de ſa part qu'à bonnes enſeignes, comme l'on dit.

Nous voici aux *Terres et Pierres Volcaniques*.

Mr. de Born ne place dans cette Subdiviſion que les *Pierres* qui ont ſubi quelque changement par les *Feux ſouterrains* dans leur compoſition primitive, et en exclut celles qui n'ont été que lancées par les éruptions des *Volcans*, ſans être reſtées aſſez long-temps au feu pour en être altérées, ou du moins changées. Se fondant ſur les expériences de Bergmann, il poſe pour principe que la *Silice* eſt la *Terre prédominante* dans tous ces *produits volcaniques*; qu'elle fait même la base de tous ceux qui après leur fusion ont été décomposés par les *Acides*, ou par d'autres dissolvans, et qui reparoissent ensuite sous une forme terreuse, „à moins qu'on ne „démontre, dit-il, la possibilité de la transmu-„tation d'une *Terre primitive* dans l'autre (5)."

Ainsi la distribution qu'il adopte ici est fondée sur le degré d'altération que les *Pierres* ont essuyé par les feux souterrains: celles qui ne portent aucune marque de calcination et de fusion, ont été déjà rangées dans les *Familles* auxquelles elles lui ont paru être analogues.

Mais dans tout ceci je ne vois pas, je l'avoue, de raison solide pour exclure les *Basaltes* de la *Famille des Pierres volcaniques*, et le moins qu'on en peut dire, est que la méthode employée par Mr. de BORN est défectueuse, puisqu'elle force de mettre des disparates dans les *Familles*: c-à-d.,

---

(5) Je ne dirai rien autre chose ici de la possibilité de cette *transmutation*, sinon que Mr. de BORN l'avoue en tout terme à la page 237, du I. Tome. Il y dit: „*le Feld-„Spath* se décompose en *Argile* blanche, pure et réfrac-„taire."

d'y raſſembler des êtres hétérogênes, étrangers même les uns aux autres, et de marcher par ſauts et par bonds dans une carrière qui demande une allure grave et uniforme. Les *Baſaltes*, il eſt vrai, n'ont pas été rejettés par les *Volcans*, mais ils n'en ont pas été moins formés dans leur ſein, n'importe par quelle voie, et ſont reſtés fixes dans leur lieu natal. P. c. ils ſont toujours *ouvrages des Volcans*, quelles que ſoient leurs *parties conſtituantes*; à moins qu'on ne s'aviſât encore de ſoutenir que, formés avant *l'ambraſement ſouterrain*, ils en ont eſſuyé toute la violence, et en ſont ſortis intacts.

Mais, me dira-t-on, Mr. de BORN ne s'eſt propoſé d'aſſortir les *Foſſiles* à côté l'un de l'autre, que ſuivant les *analyſes chimiques*: ce ſont elles qui ont dû le déterminer à aſſigner telle ou telle place à chaque *Foſſile*: or ſi la *Terre ſiliceuſe* prédomine ſur toutes les autres dans le *Baſalte*, il a bien fallu placer le *Baſalte* dans les *Terres ſiliceuſes*. C'eſt là la méthode de l'Auteur, c'eſt là l'ordre qu'il a dû ſuivre.

J'en demande bien pardon et à l'Auteur et à la méthode. Je viens déjà de prouver comment, et par où cette méthode eſt défectueuſe: je vais également prouver qu'elle n'a, ni été, ni pu être ſuivie ſcrupuleuſement.

I°. A l'article *Terres et Pierres argileuſes* (p. 218. T. I.) Mr. de BORN dit: „il eſt néceſ„ſaire d'obſerver que la *Terre prédominante* pro„prement dite, dans la compoſition intime des „*Terres et Pierres argileuſes*, eſt presque toujours „la *ſiliceuſe*; ce n'eſt qu'après elle que la *Terre* „*aluminaire* occupe la première place." . . . . Cela étant, on a donc manqué à la première condition qu'on s'étoit impoſée, en déclarant dans la préface qu'on avoit „claſſé chaque *Foſſile* „d'après le principe conſtitutif prédominant." C'eſt que dans le fait, cette condition eſt encore impoſſible à remplir.

2°. A l'article *Terres et Pierres magnéſiennes* (p. 241.) Mr. de BORN répète à peu près la même choſe. „Quoique ſelon la *Terre prédominante* „(la *Siliceuſe*) dit-il, on devroit rapporter ces „*Terres et Pierres* parmi les *Siliceuſes*, pourtant „leurs *caractères externes* les ſéparent."

Mais il y a ici quelque choſe même de plus étrange: C'eſt que quelques lignes ſeulement plus haut, l'Auteur avoit dit, que „la „ *Terre magnésienne* faisoit la base ou le principe „ *presque prédominant* des *Terres et Pierres* de ce „ genre, qui ne font pas de pâte avec de l'eau.“ Mais le *presque prédominant* n'est pas le *prédominant* même; et en effet l'analyse des *Terres et Pierres* de ce genre qu'il donne dans la même page, prouve que la *Terre siliceuse* emporte de $\frac{7}{100}$e sur la *Terre magnésienne*: il porte la première à $\frac{40e}{100}$ dans un *quintal*, et la seconde à $\frac{33e}{100}$ seulement. C'est donc prouver par le fait que la *méthode* adoptée par l'Auteur n'est pas exécutable; puisque je n'imagine pas qu'il ait voulu l'enfreindre de gaieté de cœur. — Mais je vais prouver par un troisième exemple pris au hasard, que si l'on suivoit strictement cette méthode, on jetteroit une si belle confusion dans la *Minéralogie*, qu'on y verroit plusiers *Minéraux métalliques* placés parmi les *Terres siliceuses*.

3°. Dans le *Manganese blanc*, etc. (p. 134. T. II.) Mr. RUPRECHT, en qui Mr. de BORN, comme on le sait, avoit la plus grande confiance, avoit trouvé par l'analyse $\frac{55e}{100}$ partie de *Silice* et $\frac{35e}{100}$

ſeulement de *Manganeſe oxygéné*. Comment, après la condition à laquelle on s'étoit ſoumis, ne pas le placer parmi les *Silices*? Mais en l'y plaçant, quel bel ordre s'en feroit-il ſuivi? Et Mr. de BORN le place parmi les *Métaux*.

Ainſi, prouver par le fait qu'on eſt obligé ſouvent d'enfreindre une loi, c'eſt convenir tacitement que cette loi eſt défectueuſe, ou du moins inſuffiſante; et il ſuit naturellement de-là, que la diſtribution des *Foſſiles* ſuivant les *analyſes chimiques*, en y joignant même les *caractères externes* des Foſſiles, n'eſt pas encore practicable, ni à beaucoup près cette idée juſte et lumineuſe dont on avoit tant parlé et qu'on avoit tant admirée; et je continuerai à ſoutenir ce que j'avois déjà avancé dans ma *Lettre à* Mr. FORSTER (imprimée à la Haye en 1790, chez *j. de Groot*) que les objets du *Règne minéral* doivent être conſidérés et étudiés ſous toutes les faces au lieu de ne s'attacher qu'à une ou à deux: C-à-d., qu'il faut joindre à l'analyſe la connoiſſance de leur emplacement dans les *chaînes de Montagne*: Celles de leur *forme de criſtalliſation*, de leur *denſité*, leur *homogénéitée*, *fuſibilité*, *dureté* et *combuſtibilité*

Que c'eſt après les avoir combinés et examinés ſous tous ces rapports, qu'on peut ſe promettre une bonne et juſte diſtribution de *Foſſiles*, en ne s'y permettant cependant qu'un ſimple partage en *genres* (que l'on appellera, ſi l'on veut *Claſſes* ou *Familles* ou *Espèces*) et en *Variétés*. Cette diviſion peut embraſſer tous les *Foſſiles* jusqu'ici connus, et embaraſſe moins la mémoire, et même l'esprit, que toutes ces diviſions et ſubdiviſions infinies. Mais c'eſt l'affaire du *Phyſicien*, et non du *Minéralogue* ſimple.

D'après ce qu'on vient de voir, je ne crois donc pas qu'il ſoit prudent d'oſer ſe rapporter aux analyſes chimiques ſeules; d'autant plus que perſonne n'ignore à préſent que la plupart d'elles ſont douteuſes, ou ſuspectes, à commencer même par celles du très-juſtement célébre d'ailleurs Bergmann. Qu'on faſſe ſeulement attention aux différences énormes qui ſe trouvent conſtamment dans les réſultats de celles que Mr. Klaproth a vérifiées. Or, Mr. Klaproth eſt encore bien loin d'avoir analyſé tous les *Foſſiles*, ou d'avoir vérifié toutes les *analyſes*; et malheureuſement les *Chimiſtes* qui s'en ſont mêlés, n'ont pas tous eu ſa préciſion; ſon exactitude, et ſur-tout ſa ſagacité.

Au reſte, on commence à ſe regimber contre les réſultats de Mr. KLAPROTH: ils ont infiniment effrayé ceux qui prétendoient à l'infaillibilité dans la *Chimie*. Ses analyſes des *Mines d'argent rouge* ſur-tout, on bleſſé l'amour propre de pluſieurs d'eux. Ils avoient ſoutenu jusqu'ici qu'elles contenoient toujours beaucoup d'*Arſénic*, qu'ils leur donnoient pour *minéraliſateur*: et Mr. KLAPROTH n'y en a pas trouvé de veſtiges même; mais en revanche beaucoup d'*Antimoine*, dont ces Meſſieurs n'avoient ſeulement pas fait mention. Voilà donc la controverſe toute écloſe. Il ne feroit pas difficile d'indiquer ici celui à qui il faudroit ſe rapporter; mais on ne tardera pas à voir, je le prédis, la manière dont l'amour propre bleſſé et ſe repliant ſur lui-même, donnera des atteintes à la vérité, et embrouillera tout: c'eſt ſon refuge ordinaire quand il a tort.

Revenons au Catalogue.

Les *Produits volcaniques* ſe bornent ici, 1°. aux *Cendres volcaniques*, dont la *Pouzzolane*, le *Tuff* (*Trass* des Allemands) et la *Piperine*.

2°. Aux *Schorls* et *Grenats*, et d'autres Pierres altérées par les feux ſouterrains. 3°. Aux *Laves* (ſpongieuſes et compactes) y compris les *Pierres ponces* et les *Verres*. et 4°. aux *Produits volcaniques* décompoſés par l'*Air*, ou par les *Acides*.

Les *Terres et Pierres organiques* ou les *Pétrifications*, parmi lesquelles ſont compriſes les *Concrétions pierreuſes* trouvées dans les corps des *Animaux* et qui ne ſont point *Foſſiles*, terminent le I. Tome.

Je ne vois pas de raiſon de faire un *Ordre* particulier de ces eſpèces-là, et de le diviſer en *Famille* et en *Genre*; il me ſemble que chacune d'elles auroit dû être parmi ſes analogues relativement à l'état où cette *pétrification* l'a portée: c.-à-d., les *Siliceuſes* parmi les *Siliceuſes*, ſes *Pyriteuſes*, les *Calcaires* etc., parmi leurs pareilles.

Le II. *Tome* commence par la II. *Claſſe*, ou *les Sels* „Subſtances incombuſtibles etc..... „et ne ſe réduiſant pas en *Régules métalliques*," diſtribuées en *Acides*, *Alcalis* et *Sels neutres*.

Les deux premiers ne ſe trouvant jamais purs, ou fluides dans la Nature, il ne s'agit ici que de ceux qui ont été obtenus artificiellement; et Mr. de Born en décrit les combinaiſons, les propriétés etc. en ſavant parfaitement maître de ſon ſujet. Il en eſt de même de toute cette *Claſſe*, où l'Auteur a vraiment développé de grandes connoiſſances.

Le *Discours* à la tête de la IIIe. *Claſſe* contient une phraſe qu'il m'eſt impoſſible de m'expliquer. „Depuis que l'analyſe chimique nous „a démontré, dit Mr. de Born, que la *Plombagine* „et la *Molybdene* appartiennent aux *Métaux*, il „n'y a que trois *genres* différens qui compoſent „cette *Claſſe*.“ (de *Bitumes Foſſiles*.)

Regardoit-il la *Plombagine* et la *Molybdene* comme des Subſtances du genre des *Bitumes*? Sa manière de s'exprimer porte à le croire, et c'eſt ce qui me paroît inconcevable; d'autant plus qu'il venoit de définir les *Bitumes*: „Subs„tances foſſiles, inflammables, indiſſolubles dans „l'eau, et *diſſolubles dans les huiles*, qui expoſées „au feu fument, s'enflamment, ſe conſument en „grande partie, et ne donnent point un *Régule*

„*métallique.*“ Et quelques lignes plus bas, il dit: „cette définition détermine la ſorte de com-„buſtion dont ces *Foſſiles* ſont ſusceptibles, et „exclut ainſi les *Métaux* dont la *combuſtion* ſe „fait par la fuſion ordinaire ſans flamme.“ Il n'exiſte donc aucune analogie entre les *Bitumes* et ces deux Subſtances, de l'aveu même de l'Auteur, et je ne connois aucun *Minéralogue* qui ſe ſoit aviſé de les donner pour un même genre.

Sous le nom de *Pétrole*, Mr. de BORN comprend le *Naphte*, le *Malte*, la *Poix minérale*, *l'Asphalte* et le *jayet* qu'il définit: „*Pétrole* „*compact d'une caſſure luiſante, ſusceptible d'un beau* „*poli.*“ Pourquoi ne pas leur conſerver leurs noms propres?

Au ſujet du *Succin*, il avoit dit (p. 88. T. 2) qu'il ne ſurnageoit pas l'eau, et que ſa *gravité ſpécifique* étoit 1065, et même 1100, ce qui n'eſt pas très-exact. Et à la page 90, il dit, *qu'il nage ſur les bords de la mer, et ſur-tout de la Baltique*: ce qui eſt une contradiction.

Son *Succin* (Nr. III. A. 4) connu en Saxe ſous le nom de *Pierre de miel* (*Honigſtein*) n'eſt pas du *Bitume*; mais une ſorte de *Gypſe*: les expériences qu'on en a faites, ont appris qu'il ne fond pas au feu, qu'il ne se dissout que très-difficilement par l'*Acide vitriolique*, est qu'il n'est pas électrique par le frottement.

La IVe. et dernière *Classe* traite des *Substances métalliques*, dont la propriété entre autres, est d'être *combustibles* et de se fondre en *Régules à surface Convexe.*

Je sais que c'est la nouvelle manière de définir les *Métaux*. Ils sont en effet susceptibles de *combustibilité* comparativement aux Sels; mais le sont-ils intrinséquement? Je n'insisterai cependant pas là dessus: je dirai seulement que le *Mercure*, ôté du rang des *Demi-métaux*, et placé parmi les *Métaux à Régule ductile* (ou, pour parler vulgairement, parmi les *Métaux parfaits*) me paroît une disconvenance complette. Depuis quand connoît-on un *Régule* au *Mercure*? Et pour mieux dire, un *Fluide* peut-il se réduire en *Régule*! La *Fluidité* ne s'accorde guère avec la *Ductilité*.

Le *Mercure* étant vraiment un *Fluide métallique*, n'a aucune sorte de *ténacité*, de *fixité*, de *dureté*, et si peu de *solidité*, que tout ce que l'art a pu faire pour lui en donner, s'eſt borné à le *coaguler* par un froid exceſſif. Mais cette *coagulation* n'approche pas, et à beaucoup près, celle de *l'eau*, puisque la moindre diminution dans le froid qui l'avoit porté à cet état, le ramène à ſa *fluidité* originelle. Ce ſeroit en effet un beau miracle, de voir réduit en *Régule* un *Métal* dont la *volatilité* eſt telle, qu'il s'évapore à un moindre degré de chaleur que *l'eau* même (6), à moins qu'on ne nous donne ſa *coagulation* pour une *réduction* en Régule.

Mr. de BORN ne croit pas à la *Minéraliſation* des Métaux ; il ne regarde cet état que comme une *combinaiſon* et une *union*. Il ſe flattoit que les nouvelles *découvertes*, et ſur-tout celles de Mrs. TONDI et RUPRECHT, rectifieroient

---

(5) Je me ſuis aſſez étendu ſur cet objet dans mon *Traité de Minéralogie* à l'article *Mercure*. Remarquez au ſurplus, que cette *coagulation* n'a été effectuée jusqu'ici que ſur une très-petite portion de *Mercure*. Expoſé à ce même degré de froid, mais en grande maſſe, il eſt vraiſemblable que ce froid n'auroit agi que ſur ſa ſuperficie

inceſſamment les idées qu'on s'étoit formées jusqu'ici ſur la *minéraliſation* : idées fauſſes, ſuivant lui. En revanche il conſerve le nom de *Mines*, uniquement „ pour ſe rapprocher, dit-il, „ des idées généralement adaptées aux *Subſtan-* „ *ces métalliques* qui ne ſe préſentent pas dans „ *l'état régulin.*" (p. 110. T. 2.)

On ſait combien peu ſon attente a été remplie à cet égard: les prétendues découvertes de ces deux *Chimiſtes* ont été appréciées; ce qui n'a pas empêché Mr. de Born de leur accorder toute ſa confiance relativement à la *Chimie*. Elle étoit au point, que quoique Mr. Klaproth eût déjà fait connoître *l'Uranit* pour un nouveau *Demi-métal*, Mr. de Born ne l'a pas ôté pour cela de *l'Ordre* des Cuivres, où il l'avoit placé ſuivant les notions qu'en avoit données le célébre Bergmann. Il en fait l'aveu, en diſant qu'il n'auroit pas héſité de donner *l'Uranit* pour un nouveau *Métal*, ſi quelqu'autre *Chimiſte* eût réuſſi d'en obtenir ce *Régule*. „Mr. Tondi, ajoute-t-il, qui a heureuſement trouvé le moyen „ facile par la réduction du *Régule de Tungſtene* „ *et de Molybdene*; n'a pas pu encore réuſſir à

„ retirer, même de la *Pechblende*, un *Régule* dis-
„ tinct et différent des autres *Métaux*. "…. Il le nomme *Cuivre corné*, ou *Muriate* de Cuivre, le définissant: *Oxide de Cuivre, combiné avec l'Acide muriatique et un peu d'Argile*. (p. 342. XII. H.). Il faut être bien difficile pour ne pas croire Mr. KLAPROTH dans des cas pareils, et c'est à l'occasion de cette *Pechblende* que la méfiance de Mr. de BORN éclate dans tout son jour. Il convient qu'elle se distingue par sa *pesanteur* extraordinaire, et par son *tissu* serré et égal: qu'elle diffère surement de celle que Mr. KIRWAN a décrite sous le nom de *Blende noire*, dans sa *Minéralogie*, (page 326, I. édit;) et que Mr. KLAPROTH en avoit retiré un *Regule métallique* dont les propriétés différoient de celles de tous les autres *Métaux*. Mais au lieu d'en convenir et de reconnoître *l'Uranit* pour un nouveau *Métal*, il aime mieux se tenir à des conjectures, et imaginer que ce n'étoit peut-être que le *Régule de Tungstene* allié avec le *Zinc*. (p. 160. T. 2.) Je reviendrai encore sur ce sujet.

Il continue à soutenir l'existence du *Régule d'antimoine natif* que Mr. Swab prétend avoir découvert avant 1748, et que Mr. Muller ne reconnoît que pour du *Bismuth sulfuré*. Mais ce qu'il y a d'étrange, c'est que chacun peut avoir lu dans le *journal de Rozier* (T. XXX. Juillet et Septemb. 1787. p. 20 et 231) une Lettre de Mr. Ruprecht à Mr. de Born, par laquelle il se rétracte de l'idée qu'il avoit eue, contre l'avis de Mr. Muller, sur l'existence du *Régule* en question: et pourtant Mr. de Born persiste à y croire.

J'avois cru jusqu'ici que le *Régule d'antimoine natif* n'existoit pas dans la Nature; mais je viens de voir une *Mine d'antimoine du Hartz*, dans la Collection de Mr. Heyer à Brunswik, et, le 17. de Juillet 1796, dans celle de Mr. Steltzner au *Hartz* même, sur la surface de laquelle on appercevoit à l'œil nud ce que l'on prétend être *Régule d'antimoine*. Je ne déciderai ni pour ni contre, jusqu'à ce que Mr. Heyer ou quelqu'autre aussi habile *Chimiste* ait constaté le fait.

La propriété du *Nikel* d'être attirable par l'*Aimant* paroît à Mr. de BORN être particulière à ce *Métal*, puisqu'il la possède dans un degré d'autant plus grand, qu'il est plus pur, et qu'il acquiert même la propriété de l'*Aimant* après avoir été débarrassé du *Fer*.

BERGMANN n'en disoit pas autant: il soutenoit seulement qu'il n'étoit pas possible de le purifier entièrement de son *Fer*, et que plus on multiplioit les opérations pour l'en dépouiller, plus il devenoit *magnétique* et difficile à fondre: d'où il concluoit que le *Nikel* n'étoit qu'une modification du *Fer*. Quoiqu'il en soit, Mr. SAGE a vivement attaqué l'assertion de Mr. de BORN dans le *journal de Rozier*, (année 1791, *juillet*, page 57,) où il réfute en même temps le reproche qu'il lui avoit fait d'avoir avancé que toutes les *Mines de Nikel* contenoient un peu d'*Or*.

Au sujet du *Fer*, Mr. de BORN dit, qu'étant le plus élastique des *Métaux*, il étoit, p. c. le plus sonore. L'*Argent*, le *Bronze*, le *Laiton* n'ont pas autant d'*élasticité* que le *Fer*, et sont cependant plus ſonores que lui. Il falloit d'ailleurs expliquer qu'elle eſt l'espèce de *Fer* qui eſt *élaſtique:* celui de *Fonte* ne l'eſt que médiocrement.

Nous voici ſpécialement au *Mercure*, que pour la première fois, l'on voit aſſimilé aux *Métaux parfaits*, ou *à Régules ductiles* ſuivant le Dictionnaire de l'Auteur.

Ma conjecture s'eſt parfaitement vérifiée ici: C'eſt en effet ſa *coagulation* (vulgairement dite, *congélation*) que Mr. de BORN nous donne pour *ductilité*, et de-là pour *Régule*. „Quoiqu'il ſoit perpétuellement fluide dans la „température ordinaire de notre atmosphère, „dit-il, il durcit pourtant à . . . *et il acquiert* „*alors une espèce de ductilité et de ténacité* (7). Sa „peſanteur énorme, ſon brillant et ſa *combuſti-* „*bilité* ſont des qualités propres aux *Métaux* les

(7) De ces mauvais plaiſans qui ne ſe doutent jamais des égards que l'on doit toujours à un homme de mérite, ne laiſſeroient pas échapper ici l'occaſion d'appliquer le proverbe trivial; *donner des vessies pour des lanternes.*

„ plus ductiles et les plus parfaits. Néanmoins „ sa *fluidité* habituelle, sa *volatilité* extrême, et „ les altérations singulières qu'il éprouve par „ beaucoup de combinaisons le font regarder „ comme une Substance particulière." (p. 384.)

Ces paroles sont remarquables de toutes les manières. I°. *Une espèce de ductilité,* n'est pas *la ductilité même.* Ainsi, convenir que le *Mercure* n'acquiert (et cela, par des voyes inusitées envers les autres *Métaux*) qu'une espèce de *ductilité*; qu'il possède des propriétés incompatibles avec la nature des *Métaux parfaits*; qu'à cause de sa *fluidité habituelle,* de sa *volatilité extrême* et de ses *altérations singulières,* etc. il doit être pris pour une *Substance particulière*; et néanmoins lui accorder la *ductilité* même, et de-là le rang de *Métal à Régule ductile*: C'est prendre une licence minéralogique dans toute l'étendue de ce terme.

II°. Dire que le *Mercure* est d'une *pesanteur énorme*, c'est d'une part exagérer pour avoir un prétexte de le placer parmi les *Métaux parfaits*, et de l'autre, se contredire; puisqu'on avoit fixé cette *pesanteur*, il n'y avoit qu'un instant, au-des sous de celle du *Tungstene*, portée à 17600. Après *l'Or* et la *Platine*, le *Mercure*; dit Mr. de Born, est la plus pesante des Substances (p. 383). Et à la page 223, il avoit assuré qu'il assignoit au *Tungstene* la place la plus proche aux *Métaux ductiles*, „parce qu'il y approche par sa prétendue „*pesanteur*, qui surpasse celle du *Mercure*, et par „une espèce de *ductilité* qu'on y a reconnue de-„puis qu'on en fait fondre le *Régule*.“

Mais cela étant, comment et pourquoi refuser au *Tungstene* les honneurs des *Métaux parfaits*, et peut-être encore, avec tout autant de raison, au *Zinc*; puisqu'à la page 226, on avoit reconnu que sa *ductilité* surpassoit celle du premier?

Au reste, il regne une confusion inexplicable dans l'article *Tungstene*. A la tête du *discours*, p. e. sa *gravité spécifique* est portée par Mrs Elhujar à 17600; et Mrs Tondi et Compagnie, prétendent qu'elle n'est que 6828. Qu'elle différence! Mr. de Born en est lui même étonné. „Cependant, dit-il, Mr. Haidinger „l'a pourtant déterminée et répété même sur à plusieurs de ces *Régules* etc." Auquel croire donc?

Remarquez cependant que, nonobstant l'incertitude de ces principes, Mr. de BORN assigne en attendant les places, accorde la *ductilité* à l'un, le brevet de *Métal parfait* à l'autre. Auquel ont donc servi ici les analyses chimiques? Il me semble qu'on peut s'en passer, et qu'on s'en est même passé sans la moindre difficulté.

Cette confusion me suggère une idée que je ne saurois m'empêcher de communiquer ici.

On est convaincu, je m'imagine, que Mrs TONDI et RUPRECHT étoient les chimistes de prédilection de Mr. de BORN. La *gravité Spéc.* de leur *Tungstene* est si chétive en comparaison de celle que Mrs. ELHUJAR lui attribuent, que j'ai des doutes sur toutes leurs expériences, et particulièrement sur celles qui sont relatives au *Tungstene*. 1°. Est-il bien certain, en effet, qu'ils ayent réduit le *Wolfram* en *Régule*? 2°. Etoit-ce bien le *Wolfram* seul qui leur avoit fourni ce *Régule*? Voici mes raisons de douter de l'exactitude des analyses de ces *Chimistes*,

I°. Ils avoient employé ici précisément la même méthode, les mêmes agens, la même manœuvre que ceux qui leur avoient servi à réduire la *Chaux*, la *Baryte* etc. en *Régules*, et dont Mr. de BORN étoit si extasié, qu'il en attendoit déjà une révolution dans toutes nos idées sur les *Minéraux*. On connoît à présent les résultats de leurs opérations: les agens qu'ils avoient employés, leur fournissoient un *Régule ferrugineux*, que tout bonnement ils prenoient pour ceux de la *Chaux*, de la *Baryte* etc., ici le *Wolfram* peut leur avoir fourni un *Régule*; mais il doit avoir été, non seulement souillé, mais mélangé même de *Fer*, que les *agens* en question auront fourni: de-là cette légéreté remarquable dans la *grav. Spéc.* de leur *Régule de Tungstene*.

II°. Lorsque Mr. TONDI fit l'analyse de l'*Uranit*, comment ne découvrit-il pas par cette analyse (que Mr. de BORN donne toujours pour infaillible) que cette *Substance* n'avoit rien de commun avec le *Cuivre*, dont elle ne contenoit jamais un atôme?

Tels ſont mes doutes. Je peux m'être trompé; mais je prie néanmoins Mrs les *Chimiſtes* de les vérifier.

J'ai déjà parlé touchant *l'Argent rouge*, ou *Argent combiné avec l'Arſenic* de la page 432. (XV. H.) On peut au reſte voir tous les détails relatifs à cet objet, dans mon *Traité de Minéralogie*, à l'article *Mine d'Argent rouge*. Vous ſavez que ſon *Argent molybdique*, n'eſt que du *Bismuth* et du *Soufre:* Mr. KLAPROTH l'a prouvé.

Comment ſe fiér donc, après tant d'exemples de mépriſes, aux *analyſes chimiques?* Comment oſer déjà diſtribuer les *Foſſiles* d'après leurs renſeignemens? Qui ne ſait que cette méthode là ſeroit excellente, ſi la *Chimie* nous eût découvert, ou pour parler plus juſte, eût pu nous découvrir la nature des *Foſſiles?* Mr. de BORN n'eſt pas le premier qui en avoit eu l'idée: c'eſt la même qui a fait concevoir celle d'appliquer la *Chimie* à la *Minéralogie*. Mais il ſe passera encore bien des temps, il faudra encore bien des travaux, avant que cette *Science* parvienne à nous developper et à nous dévoiler les importans myſtères de leur compoſition. Hélas ! elle n'y parviendra vraiſemblablement jamais, l'esprit humain eſt trop borné.

Quoiqu'il en ſoit, Mr. de BORN avoit certainement de très-grandes connoiſſances et une grande capacité en *Minéralogie*; et ſon *Catalogue*, malgré ſes erreurs, paſſera toujours pour un excellent ouvrage dans ce genre. Comme *Minéralogiſte*, il a très-bien rempli ſa tâche; mais je vous dirai franchement, que je n'y vois aucun de ces traits qui dénotent le *Phyſicien géologue*. Vous ſavez que ce ſont-là les deux manières d'obſerver les *Minéraux*: en *Minéralogiſte* et en *Géologue*. Le premier, comme dit très-bien Mr. de FERBER, ne cherche en effet qu'à déterminer et bien caractériſer les *Genres*, les *eſpèces* et les *variétés* des *Foſſiles*, à l'aide de la *Chimie* et des *caractères extérieurs*, afin de pouvoir les diſtinguer lui-même et les faire connoître à ceux qui veulent s'en inſtruire; et il n'a proprement pour objet que de ſe mettre au fait de leurs propriétés, de leur uſage et de tout ce qui peut contribuer à leur connoiſſance individuelle. Le *Phiſicien* va bien plus loin : il ajoute à la recherche au *Minéralogue* celle de la distribution, de la disposition et de la liaison relative des *Fossiles* dans le sein de la *Terre.* Il en tire des conclusions pour dévoiler la construction et la composition matérielle de notre *Globe.* Le simple *Minéralogue,* quelque versé qu'il soit dans la Science, ne peut jamais nous conduire à des découvertes de ce genre-là, à moins qu'il n'y joigne les connoissances *géologiques.* Il seroit à desirer que ces deux *Sciences* marchassent toujours de compagnie. Si Mr. de Born n'eût pas perdu la *Géologie* de vue, il n'eût pas associé le *jaspe* aux *Gemmes* et les *Basaltes* au *jade,* au *Feld-Spath,* etc. Il ne seroit pas non plus tombé dans l'inconvénient, toujours très-désagréable, de ne pouvoir remplir ses engagemens; car en les remplissant strictement, il seroit tombé dans celui de placer le *Manganese,* et plusieurs autres *Substances métalliques* etc. parmi les *Silices.*

Voilà, Monsieur, ma façon de penser sur le *Catalogue* de Mr. de Born. Relisez-le, examinez mes objections, et prononcez. Je vous le répète, vous êtes juge compétent en cette occasion -ci, et je me rapporterai entièrement à vos décisions.

J'ai l'honneur d'être avec l'estime la plus fincere, et l'attachement le plus parfait, de cœur et d'ame,

Votre T. H. et T. O. S.

DIMITRI PRINCE DE GALLITZIN.

www.ingramcontent.com/pod-product-compliance
Ingram Content Group UK Ltd.
Pitfield, Milton Keynes, MK11 3LW, UK
UKHW022133260726
13993UKWH00003B/1416